我的超级科学探索书

U0621989

细胞之谜

纸上魔方◎编写

北方妇女儿童出版社

图书在版编目(CIP)数据

细胞之谜 / 纸上魔方编写. -- 长春 : 北方
妇女儿童出版社，2013.1（2019.4 重印）
（我的超级科学探索书）
ISBN 978-7-5385-7172-1

Ⅰ．①细… Ⅱ．①纸… Ⅲ．①细胞学－青年读物
②细胞学－少年读物 Ⅳ．①Q2-49

中国版本图书馆CIP数据核字(2012)第285736号

细胞之谜

出 版 人	李文学
策 划 人	师晓晖
编 写	纸上魔方
责任编辑	张 力
开 本	170mm×240mm 1/16
印 张	8
字 数	120千
版 次	2013年1月第1版
印 次	2019年4月第3次印刷

出 版	北方妇女儿童出版社
发 行	北方妇女儿童出版社
地 址	吉林省长春市人民大街4646号
	邮编：130021
电 话	编辑部：0431-86037964
	发行部：0431-85640624
网 址	http://www.bfes.com
印 刷	天津海德伟业印务有限公司

ISBN 978-7-5385-7172-1　　　　　定价：23.80 元

目录

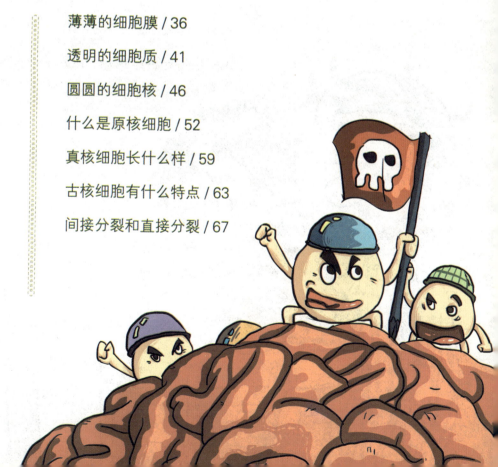

什么是细胞呢

　　世界上的生物是由动物和植物组成的，那么动物和植物又是由什么组成的呢？想要了解生物学，研究生命的奥秘，首先就要从生命活动的基本单位——细胞开始。

　　那么什么是细胞呢？细胞并没有一个统一的定义，普遍的说法就是细胞是生物体的基本结构和功能单位。就像一个一个的玉米粒构成了一个玉米，一个一个的细胞就构成了动

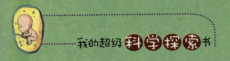

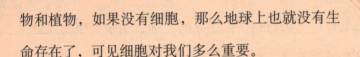

物和植物，如果没有细胞，那么地球上也就没有生命存在了，可见细胞对我们多么重要。

经过研究发现，小到一个细菌，大到一头鲸，在这个世界上除了病毒以外所有的生物都是由细胞组成的。虽然病毒不是由细胞构成的，不过病毒也要在细胞中才能存活。所以说世界上所有生物都离不开细胞，揭开生命的奥秘首先必须认识细胞。

小朋友会有疑问：细胞在哪里，我怎么没见过细胞呢？因为大部分的细胞都是非常微小的，我们直接用眼睛是看不到的。哪怕是随手摘下一片像指甲一样大小的树叶，里面可能就有几亿个细胞，可见细胞有多小了。为了清楚地观察这些微小的细胞，聪明的人类发明了显微镜，显微镜可以把

细胞放大很多倍，让我们可以看到它的结构。

在显微镜下看到的细胞有各种形状，有球形的，有多面体的，也有柱形的等等。虽然细胞的外形不一样，但内部结构基本上相同。动物的细胞由三部分组成，分别是细胞膜、细胞质和细胞核。植物的细胞由四部分组成，除了和动物细胞相同的那三个部分外，还多了一个细胞壁。虽然细胞很微小，但里面的结构还是很复杂的。

人们把自然界所有的细胞进行了分类，一共分为三类：包括原核细胞、真核细胞和古核细胞。小朋友们可能注意到了这三个名字中都有一个"核"字，因为这是按照细胞核的不同来分类的。

自然界中的生物有低等的也有高等的，大部分生物都是由许许

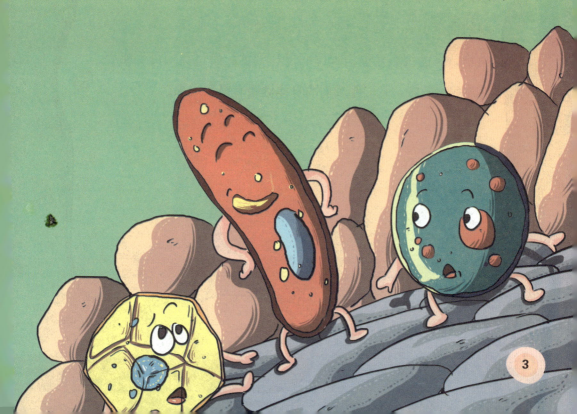

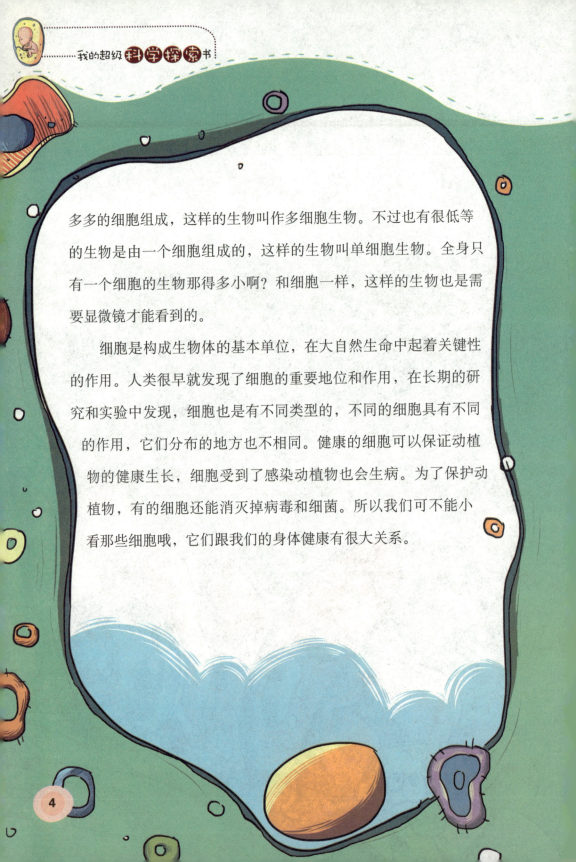

多多的细胞组成，这样的生物叫作多细胞生物。不过也有很低等的生物是由一个细胞组成的，这样的生物叫单细胞生物。全身只有一个细胞的生物那得多小啊？和细胞一样，这样的生物也是需要显微镜才能看到的。

细胞是构成生物体的基本单位，在大自然生命中起着关键性的作用。人类很早就发现了细胞的重要地位和作用，在长期的研究和实验中发现，细胞也是有不同类型的，不同的细胞具有不同的作用，它们分布的地方也不相同。健康的细胞可以保证动植物的健康生长，细胞受到了感染动植物也会生病。为了保护动植物，有的细胞还能消灭掉病毒和细菌。所以我们可不能小看那些细胞哦，它们跟我们的身体健康有很大关系。

现在人们对细胞的研究越来越重视。有人专门进行跟农业有关的细胞研究，可以培育出更加优良的农作物，让粮食的产量大大增加。有人专门进行跟畜牧业有关的细胞研究，可以让动物生长得又快又健康。有人专门进行跟医学有关的细胞研究，可以找到疾病发生的原因，可以找到治疗疾病的方法，还可以找到预防疾病的措施。

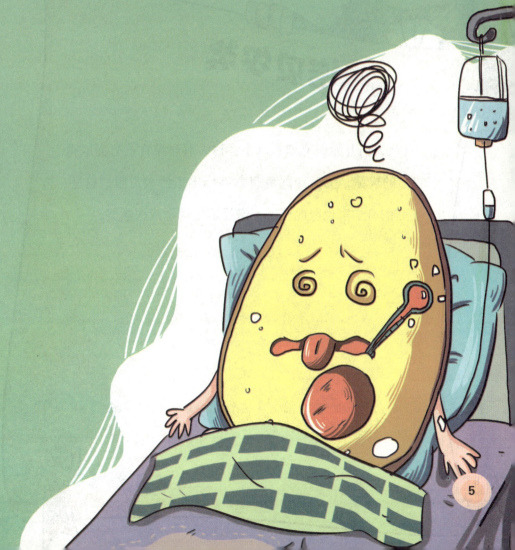

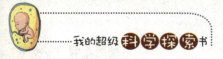

诺贝尔奖

　　自从人们开始研究细胞以来，许多科学家在这方面取得了突出的成绩，为生命的健康发展作出了巨大贡献。这些了不起的科学家也因此获得了诺贝尔生理学或医学奖。

6

诺贝尔奖项

诺贝尔生理学或医学奖是为了奖励在生物学或医学上有突出贡献的人,这个奖是在1901年第一次颁发,到现在为止获得这个奖项的科学家大部分是从事细胞研究的。其中包括德国的生物化学家科塞尔,他的主要成绩是关于细胞化学的研究。还有美国的遗传学家和生物学家摩尔根,他发现了细胞中染色体在遗传中的作用,创立了基因学说。

可怕的病毒

病毒是一种有生命的生物体,这种生物体不是由细胞组成的,不过必须要在细胞内才能生存。病毒是微生物,用复制的方式进行繁殖。当病毒生存在生物细胞中时,会吸收这个生物的营养,那么这个生物自己的营养就不够了,就会引发疾病。

最大细胞和最小细胞

8

　　细胞的大小跟生物体的大小没有关系，也就是说大象的细胞不一定比蚂蚁的细胞大。一般的细胞直径有几微米到几十微米，1毫米等于1000微米，可以想象细胞有多小了。

　　细胞的大小还会随着外界环境的变化而变化，知道这是怎么回事吗？

　　小朋友们会发现，那些经常参加体育锻炼的人肌肉很发达，这也是跟细胞的大小变化有关。科学家经过研究发现，经常运动的人体内的肌肉细胞也在跟着运动，肌肉细胞在运动的过程中会产生一种化学物质，这种化学物质会唤醒正在休眠的肌肉干细胞，让它们生长变大并且形成肌纤维，肌纤维越多肌肉就越发达。所以想要让自己的身体强壮起来，首先要让自己

的肌肉细胞强壮起来哦。

小朋友们还会发现一种现象，就是植物叶子生长得太茂密时，那些植物就会变得又高又细，这也是跟细胞的改变有关。因为茂盛的植物叶子会互相遮挡，照不到阳光时体内的生长素就会积累在那里，这样植物茎杆内的细胞就会越来越长，导致植物也会越来越细长。

我们已经知道了细胞有各种形状和大小，也知道了大部分细胞小得我们看不到，但也有一部分细胞比较大，我们可以直接看到。常见的有番茄肉和西瓜瓤的细胞，大的直径有1毫米左右，很明显就可以看到的。还有的植物细胞非常长，比如有一种植物叫苎麻，它茎里面

的纤维细胞最长的有50多厘米。

对于动物来说最长的细胞是神经细胞，最长的有1米多，长颈鹿的神经细胞能达到3米多。在人体中最大的细胞是成熟的卵细胞，直径大约有0.1毫米，最小的细胞是血小板，直径大约有2微米。相比于卵子来说，精子的体积要小多了，差不多20多万个精子的重量才能抵得上一个卵细胞的重量。

为什么卵细胞这么大呢？因为卵细胞是一种特殊类型的细胞，它以后会发育成胚胎，而胚胎会成长为一个独立的小动物。卵细胞里面含有许多营养物质，这些都是胚胎发育所需

要的，这些丰富的物质让卵细胞体积增大很多。

　　鸵鸟的卵细胞是世界上最大的细胞，直径长达15厘米左右。鸡的卵细胞也很大，直径差不多5厘米，可以直接看到。

　　那么最小的细胞是什么呢？目前发现的世界上最小的细胞是支原体细胞，这种细胞的直径大约只有0.1微米。

一颗蛋就是一个卵细胞吗

小朋友们知道了鸡卵细胞、鸵鸟卵细胞都是很大的，我们可以用眼睛直接观察，那么这些大个头的卵细胞到底是什么呢？

有人说一颗蛋就是一个卵，所以蛋就是一个卵细胞。为了证明这个说法，人们还列举了依据，他们说蛋壳内的那层薄薄的膜就是细胞膜，而蛋清就是细胞质，蛋黄自然就是细胞核了。这么说听起来还有点道理，不过有人不赞同。还有的人说其实蛋黄才是卵细胞，蛋黄外面那层膜才是细胞膜，整个蛋黄就是细胞质，而细胞核

是蛋黄里面的小白点。还有人认为这两种说法都不对，他们认为一颗蛋不是一个单独的卵细胞，而是由无数个细胞构成的。

那么到底哪一个说法是对的呢？下面我们以鸡蛋为例来分析一下。

要解决这个问题，先要了解一下一颗鸡蛋是怎么形成的。在母鸡的体内有卵母细胞，卵母细胞后来会发育成卵细胞。在没发育成卵细胞前，卵母细胞的细胞核和细胞质都缩在一起，是一个非常非常小的细胞。后来血管会把大量营养物质注入卵母细胞里，为了装得下这么丰富的营养，细胞膜必须扩张很大。

过了十多天后，卵母细胞里就装满了以后发育需要的营养，就是我们熟悉的蛋黄，然

后卵母细胞就会分裂。卵母细胞分裂以后
会形成很多细胞，不过只有一个细胞里装满
了蛋黄液，这个就是"成品"，而其他没有蛋黄液的细胞就是"劣
品"，全部被淘汰了。

　　一个"成品"就是一个完整的蛋黄，也是一个具有很大体积的
生殖细胞。小朋友们在吃鸡肉的时候会偶尔看到一个个白白圆圆的
小球，那些就是没有发育完全的蛋黄，也是一个个的生殖细胞。

　　那蛋清又是怎么回事呢？其实一颗蛋的精华都在蛋黄里，形成
一个蛋黄需要十多天，而形成蛋清只需要一天一夜。母鸡的体内有

一个部分是分泌蛋清的，蛋黄经过这个部位的时候就会被蛋清包裹起来，蛋清的作用是为了给即将诞生的小生命提供额外的营养。

蛋清形成以后还会在外面形成一层膜，是为了保护里面的物质不受感染。最后就是蛋壳的形成了，有了蛋壳一颗鸡蛋就完整了，随着母鸡肌肉的收缩，一颗鸡蛋就被产出来了。

上面说的是没有受精的鸡蛋，如果是一颗受精的鸡蛋就不一样了。受精的过程和蛋黄形成的过程一起发生，在包裹蛋清的过程中里面的受精卵已经在发育了。在鸡蛋被生下以后里面有许多个小细胞，蛋黄里的小白点也发育成了胚胎，只要满足孵化条件，胚胎就会一边吸收营养一边发育，逐渐地形成小鸡的各个器官。经过20天

左右，发育完全的小鸡就会挤破蛋壳，从里面钻出来啦。

　　明白了鸡蛋形成的过程后，小朋友们应该找到问题的答案了吧。到底一颗鸡蛋是不是一个卵细胞呢？这要看这颗鸡蛋是不是受精了，受精的鸡蛋里面有一个胚胎，胚胎里包含许多细胞。没有受精的鸡蛋里面就只有一个卵细胞了，那就是蛋黄。

　　所以说，世界上最大的细胞是鸵鸟的卵细胞，这句话还可以换个说法，那就是世界上最大的细胞是没有受精的鸵鸟蛋的蛋黄。

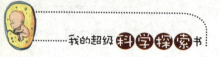

好大的鸵鸟蛋

鸵鸟蛋是世界上最大的蛋，一颗鸵
鸟蛋相当于25颗鸡蛋。鸵鸟蛋的长径大
约有15厘米，短径大约12厘米，一个鸵鸟
蛋重1.5千克左右。鸵鸟蛋可以说是蛋中的
"巨无霸"，外面的壳也非常硬，人站在上面
都不会破。

什么是受精

受精是动物繁殖的过程。动物一般分
为两种，雄性和雌性。一个小动物的诞生
需要两种生殖细胞的结合，那就是精子和
卵子。成熟的雄性体内有精子，成熟
的雌性体内有卵子，精子和卵子
结合的过程就是受精，结合以后
的细胞叫受精卵，一个受精卵会发
育成一个新的小生命。

小小细胞真复杂

　　细胞虽然很小，但小并不代表简单，相反是很复杂的，是科学家们永远也研究不完的课题。

　　除了按照细胞核的不同把细胞分成三大类外，一个生物体内的

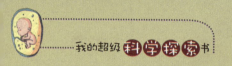

细胞按照作用的不同也能分成不同种类。脊椎动物和人体内的细胞大约有200多种，这些细胞分布在身体的各个部分，并且有一定的顺序和规律。人体内的细胞大约有40万亿到60万亿个，这可是个庞大的数字啊。细胞的直径差不多都在10微米到20微米之间，直接用眼睛是看不到的。

人体是由细胞组成的，不同部位的细胞作用也不相同。人体的"司令部"是大脑，里面的细胞大约有100亿个。人的绝大多数脑细胞长期处于休眠状态，只有不到2%的脑细胞每天在活动。活动的脑细胞可以形成一种神经回路，就像一个庞大的信息储存库，里面

储存着人的记忆，这样人们才能说话、行动、创造发明和进行各种活动。

因为每个人大脑中活动细胞的数目不同，所以人们储存信息的数量也不同，活动的脑细胞越多，这个人就越聪明，相反活动的脑细胞数目少，这个人就稍微笨一点。

人的大脑只被运用了一小部分，还有一大部分是没有被开发和利用的。试想一下，如果有一天科学家们研究出把大脑完全开发和利用起来的方法，那么人类的生命将会发生多么大的改变，说不定我们还会拥有"特异功能"呢！

人体内还有各种各样其他的细胞，比如说人的肝是由肝细胞组成的，每一个肝大约有25亿个肝细胞，肝细胞的大小是会变化的

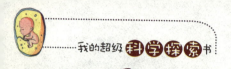

哦，如果人在饥饿的时候肝细胞就会变大。此外还有皮肤中的细胞、血液中的细胞、骨头中的细胞等等，作用都各不相同。

植物的细胞也分成不同种类，用一片叶子举例，里面一般包括三种细胞，分别是叶肉细胞、保卫细胞和维管束鞘细胞。叶肉细胞里面含有大量的叶绿体，有利于植物进行光合作用。保卫细胞的形状很像新月，在叶片中是一对一对分布的，可以帮助叶子"呼吸"。一个植物要生长，就要把营养物质运输到各个部分，这个运输结构叫维管束，维管束外面通常会有一层或几层细胞，这些细胞叫作维管束鞘细胞。

你知道吗?

光合作用的巨大功能

　　光合作用是植物特有的功能,是光能的合成作用。在阳光的照射下,光合作用可以把二氧化碳和水转化成有机物,同时植物还会向空气中释放氧气。光合作用转化的有机物是植物生存的基础,释放的氧气是空气中氧气循环的基础。在很久以前地球上还没有绿色植物时,地球上的空气中并没有氧气。几十亿年以前绿色植物开始出现并扩展,植物的光合作用才让空气中的氧气越来越多。

你知道吗?

最厉害的大脑

　　爱因斯坦是人人都知道的大物理学家,最让人称赞的就是他高超的智慧和发达的大脑。在爱因斯坦去世以后,科学家对他的大脑进行了研究,发现他的大脑组织跟正常人大脑不太一样。在他大脑里有一部分神经细胞明显比正常人大多了,不知道这是不是他比正常人聪明的原因,也不知道他这个优势是天生的还是后来培养的。

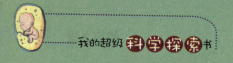

它是被谁发现的

我们知道细胞有很重要的作用，不过这么重要的细胞可不是一开始就被人类知道的。随着科技的发展，人们才终于发现了细胞这个重要物质的存在。自从细胞被发现以后，很多关于生命的问题得到了解答。

第一个发现细胞的人值得我们尊敬和感恩，他的名字也被铭刻在了历史上，这个伟大的人到底是谁呢？他就是英国的科学家罗伯特·胡克。

说到对细胞的发现，除了要感谢发现它的人之外，还要归功于发现它的工具，那就是显微镜。在很久

以前，人们看任何事物都是用眼睛直接观察，不过人眼看到的最小东西大约是0.1毫米，比这还小的物质人眼就看不到了。在公元1世纪左右，一个罗马的学者发现把水装在透明的水晶器具里，通过器具看到的字母有放大的效果，经过人们的努力，放大镜被发明出来了。

只有放大镜是不够的，因为放大镜的放大程度也有限。1610年，意大利的物理学家、天文学家伽利略有一个重要发现，他发现望远镜倒视的时候可以把物体放大，利用这个原理他制成了第一台显微镜，并且用这个显微镜来观察昆虫。后来为了研究方便，越来越多的科学家开始自己制作显微镜，罗伯特·胡克就是其中一个。

1665年，罗伯特·胡克从一个软木塞上切下薄薄的一片，放在自己制作的显微镜下观察。他看到了一些小小的空洞，不过模模

糊糊的。为了看得更清楚，他把白色的薄片下面垫了一个黑色的模板，这样对比更强烈，又在薄片上面投射光芒，再通过显微镜观察，就可以清楚地看到一个个小孔了。这些小孔密密麻麻挤在一起，就像蜂窝一样，他给这些小孔取了个名字叫细胞，这个名字一直用到现在。

因为制作软木塞的是已经砍下很久的木头，而不是正在生长的植物。所以罗伯特·胡克看到的都是已死的细胞，只留下一些残存的细胞壁。而真正看到活细胞的人是荷兰生物学家雷文霍克。1674年，他用自己制作的镜片发现了微生物，是历史上第一个发现细菌的人，后来他又在实验中发现了活着的细胞。

在雷文霍克观察细胞的时候，其他国家的科学家们也在进行自己的研究，他们观察到了植物细胞、细菌细胞、红细胞等各种不同细胞的特点，并且把观察结果记录下来。从此人类对生物学的研究和认识进入了一个新的领域。

因为细胞死了以后会留下残存的细胞壁，在罗

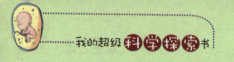
伯特·胡克发现死的细胞后，很长时间内人们都以为细胞最主要的结构是细胞壁。1671年，科学家们发现活细胞里有很多黏稠的东西，不过他们还不知道这就是细胞的重要组成部分。1809年，一个法国的博物学家提出一个说法，他说所有生物都是由细胞组成，细胞里面都包含一种黏稠的物质，但他没有足够的证据证明自己的这个说法，只能继续研究。

1831年，一位英国科学家发现了植物细胞内有细胞核，这样细胞质和细胞核都被发现了，不过人们还没有认识到它们对细胞的作用，觉得一个细胞最重要的部分还是细胞壁。过了几年，德国的动

物学家施旺在研究动物细胞的时候发现，里面根本就没有细胞壁，所以他认为一个细胞最重要的不是细胞壁而是细胞核。

同时，德国的植物学家施莱登也在研究植物细胞，他得出了同样的结论，认为细胞壁并不是细胞最重要的结构。他们把一直以来人们对细胞的研究进行了概括，指出细胞是生物最基本的生命单位，建立了系统的细胞学说。

细胞学说解释了世界上生命的本质，是人们对生物界认识的一个重大飞跃。

29

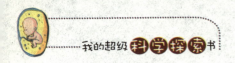

你知道吗?

著名的胡克

罗伯特·胡克是英国著名的物理学家、天文学家和发明家，他是一个科学天才。在研究物理的过程中，他提出了著名的胡克定律，在发明方面，他自己制作和改进了显微镜和望远镜，他用自己制作的显微镜第一个发现了细胞的存在。胡克在学术上和牛顿有一些争论，导致他唯一的一张画像被牛顿的支持者毁掉了，所以现在我们也无法知道这位伟大的科学家到底长什么样。

你知道吗?

显微镜是必备工具

在进行生物学和细胞学观察研究时，一个必不可少的工具就是显微镜。通过显微镜，人们可以看到平时用眼睛看不到的微小物质，进入一个无限奇妙的微观世界。现在的光学显微镜可以把物质放大1500多倍。按照制作的原理可以把显微镜分为光学显微镜和电子显微镜。

独特的细胞壁

　　植物细胞和动物细胞有一个最大的不同点，是植物细胞外面有一层细胞壁，所以说细胞壁是植物细胞的一个独特结构。如果把细胞想象成一个苹果，细胞壁就相当于苹果皮。如果把细胞想象成一座房子，细胞壁就相当于房子的墙壁。

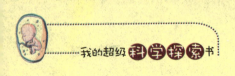
对于一个细胞来说，细胞壁起着支持和保护的作用。因为细胞里面是黏稠的液体，液体是最容易流动和变化的，如果没有细胞壁作支撑，细胞的形状很容易发生变化。

不同类型的细胞，外面细胞壁的厚薄也不相同。不过细胞壁可不是"铜墙铁壁"，会阻碍一切物质的进出，相反细胞壁的结构比较疏松，可以让对细胞有好处的物质进入细胞里面，而有害的物质就被挡在外面了。细胞壁是保护细胞的好帮手。

看起来简简单单的细胞壁是分为三层的，分别是胞间层、初生壁和次生壁。

当一个新细胞产生的时候，胞间层也就形成了。小朋友们知道为什么细胞都是一大群挤在一起，而不是一个一个飘散开的吗？这是因为胞间层在发挥作用，它是两个细胞中间共同拥有的一层物质，可以把相邻的两个细胞连接起来。一个一个的细胞都被胞间层连接起来，这样许许多多的细胞就连在一起了，形成了一个细胞群。

在胞间层形成以后，细胞会长出初生壁。初生壁是有弹性的，这样细胞才能长大，细胞的体积变大了，初生壁的面积也会随着变大。次生壁是最后形成的，它可以让细胞壁变厚，这样细胞壁更加厚实，更加具有保护作用。

除了植物细胞具有细胞壁外，细菌的细胞也有细胞壁。细菌的细胞壁很有弹性，可以让细胞不容易破裂。

细胞壁是植物细胞中重要的结构，没有细胞壁植

物细胞就会死掉，植物也无法存活。如果你认为细胞壁只有保护细胞的作用，那你就太小看细胞壁了，一棵植物要正常生长，需要呼吸、需要吸收营养、需要制造养分等等，这些过程的运行都有细胞壁的参与。细胞壁里面还含有许多蛋白质，在植物的新陈代谢中起到作用。

对于一个细胞来说，细胞壁就像墙壁那样坚硬厚实。小朋友们知道细胞壁为什么会变坚硬吗？因为细胞壁会木质化，细胞壁里面有一种物质叫木质素，这样可以增加细胞壁的硬度。当细胞外面有

病毒靠近时，细胞壁会迅速木质化，这样就把受感染的细胞隔开，保护了健康的细胞。

此外细胞壁里面还有一种物质叫木栓质，可以让细胞不容易透水和透气。细胞壁的外面在接触空气以后还会形成一种角质膜，这层膜是透明的还可以透光，主要作用是减少植物的水分损失，在强烈的阳光下还可以调节植物的体温。另外，一些矿物质会在细胞壁里面堆积，增加细胞壁的保护功能。

详细了解了细胞壁才发现，细胞壁的作用还真强大。

薄薄的细胞膜

在植物细胞中，最外面一层是细胞壁，细胞壁里面是细胞膜。因为动物细胞没有细胞壁，所以最外面一层就是细胞膜。为什么叫作细胞膜呢？因为细胞膜不像细胞壁那么坚硬厚实，而是一层薄薄的、透明的膜。

虽然细胞膜很薄，里面包含的物质可是很丰富的。细胞膜主要由脂类、蛋白质和糖组成，还有一些少量的水分和无机盐。

别看细胞膜只有薄薄的一层，它的作用可不小。细胞膜就像一道屏障，防止外面的物质进入细胞里面，保护着细胞里面的物质。

细胞本来就很微小，外面那层几乎透明的薄膜就更不容易看到了。所以人们刚发现细胞的时候，并没有注意到外面的那层膜。那么细胞膜是怎样被发现的呢？

19世纪中期，一位科学家把细胞外面放一些染料，然后通过显微镜观察，他发现细胞外面有一层物质阻止了这些染料进入细胞里面，这位科学家首先提出细胞外面应该有一层膜。1899年，另一位

科学家又做了一个实验，推测出
细胞外面的那层膜含有脂类。1925年，关于细胞
膜的研究又有了新进展，两位荷兰的科学家把红细胞膜
从细胞上分离出来，还计算出了红细胞膜的面积。通过
进一步研究，科学家们对细胞膜的认识越来越详细。

　　细胞并不是完全封闭的，它还要与外面进行物质、
能量和信息的交换，这就要求细胞膜具备这样的功能：
可以把需要的物质输入细胞里面，把细胞产生的废弃
物排到外面。细胞膜的这种特点叫作选择渗透性，如

果细胞膜失去了这种功能，细胞就不能正常活动，最后只有死亡。

1959年，一位科学家通过显微镜观察，发现薄薄的细胞膜也有三层结构，特点是里面和外面很暗，中间比较明亮。于是科学家提出了一个说法，就是细胞膜的组成结构为外面和里面是蛋白质，中间一层是脂类，这三层静止的结构被称为"三明治"结构。不过随着人们对细胞膜的进一步研究，这种说法被推翻了，因为人们发现细胞膜不是静止的，而是具有流动性的。

1970年，几个科学家做了一个实验，他们把人类的细胞膜用荧光笔标

39

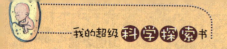

上许多记号，再把老鼠的细胞膜用另一种颜色的荧光笔标上许多记号。然后让这两种细胞融合在一起，刚开始结合的细胞一半是绿色的荧光，另一半是红色的荧光，可是过了一段时间后，细胞膜上两种颜色就分布得很均匀了，说明这些颜色是在不停运动变化的。这个实验证明了细胞膜具有流动性。

细胞膜的流动性还会受到外界条件的影响。当温度高到一定条件时，细胞膜是流动的，当温度太低的时候细胞膜可能是静止的状态。这和水有点相像，常温状态下水是液体的，可以流动，当温度太低的时候水就变成固体的冰了，也就不能流动了。

透明的细胞质

　　细胞最重要的部分就是里面包含的那些黏稠的物质了，叫作细胞质。细胞的重要结构都在细胞质中，细胞的营养成分也在细胞质中，所以说细胞质是一个细胞的精华。如果把一个苹果想象成一个细胞，那么苹果肉就相当于细胞质。

　　细胞质里面包含的物质对细胞非常重要，比如里面的基质、细胞器和包含物。

　　基质是细胞质最基本的成分，就是那些黏黏的液体，里面含有许多营养成分，包括糖、无机盐等等。

　　细胞质中可以看到一些小小的颗粒，这些颗粒就像生物的器官那样具有自己的功能，所以叫作细胞器。在植物的细胞中有许多绿色的颗粒，这些颗粒是一种常见的细胞器，叫作叶绿体，光合作用就是靠叶绿体完成的。叶绿体是1865年一个德国科学家在研究中发现的。

　　此外，在细胞质里还能看到一个个的气泡，气泡里面包裹着液体，叫作细胞液。当一个植物的细胞发育完全后，一般情况下许多小液泡会合并成一个大液泡，这个大液泡的体积很大，霸道地充斥在细胞里面，把黏稠的细胞质挤到一边。

因为细胞质里的物质是液态的，所以不是静止不动的，而是缓缓流动着的。如果细胞质里有一个大液泡，那么其他物质就会绕着这个液泡运动。细胞质的运动还会消耗能量，细胞质流动得越快，说明生命活动越旺盛。

除了叶绿体以外，细胞质里还包含了其他的细胞器，不同的细胞器具有不同的功能。

细胞质里有一种细胞器叫线粒体，有的是线状的，有的是颗粒状的，还有其他形状的。线粒体可以让许多营养物质产生能量，满足细胞的需要，有人说线粒体是细胞呼吸的中心，也有人把它比喻成细胞的"动力工厂"。

如果把细胞比喻成一个工厂，细胞质内还有运输和加工的系统，可以把蛋白质加工成符合细胞需要的物质。

溶酶体也是细胞质内非常重要的细胞器，它是一种非常小的水泡，水泡里面包含的物质具有溶解和分解的作用。溶酶体可以把细胞里损坏和衰老的物质分解掉，也可以把从外面进来的带病毒的物质或没用的物质分解掉。

除此之外，细胞质内还包含各种其他结构，每一种结构都发挥着自己的作用和功能，为细胞的正常生长和活动提供帮助。细胞内的许多化学反应都是在细胞质内进行的。

科学家们对细胞的研究从来没有停止过，这些研究除了

促进生物学的发展，还促进了农业、畜牧业等技术的进步。

　　我国对于细胞生物学的研究也取得了不少成绩。几年前，武汉大学的生物研究专家们有一个新的发现，他们找到了一种很有价值的细胞质。对这种细胞质进行特殊的培育，可以在很大程度上提高水稻种子的质量，从而进一步提高水稻的产量，还能增强水稻抵抗灾害的能力，从整体上提高了我国农业生产水平。

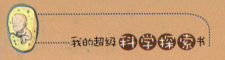

圆圆的细胞核

如果说细胞质是一个细胞的精华，那么细胞核就是精华中的精华。细胞核在细胞内部，是细胞质中最重要的一个细胞器。把一个细胞想象成一个苹果，苹果肉相当于细胞质，那么苹果核就相当于细胞核了。

如果把细胞比喻成一个工厂，那么工厂要正常运转就需要一个

控制中心，细胞核就相当于细胞的控制中心。细胞核是一个圆圆的形状，主要包括四个部分，分别是核膜、染色质、核仁和核骨架。

细胞核的外面有两层膜包裹着，叫作核膜。核膜把细胞核与细胞质内的其他物质隔开，很多小物质无法穿过核膜进入细胞核。不过细胞核上有一个个的核孔，可以让细胞核需要的物质自由通过。

细胞里面含有遗传物质，大部分的遗传物质都储存在细胞核里，遗传物质和其他成分结合形成染色质，里面包含着可以遗传的基因。小朋友们知道为什么一个人会长得像自己的爸爸或妈妈吗？就是因为细胞里有基因的存在。

核仁在细胞核里一般是圆形或椭圆形，而核骨架就像细胞核里的骨架那样，是网络形状的结构。

小朋友们是不是以为所有的细胞中都有细胞核呢？那你可就错了哦，有的细胞里就没有细胞核。比如说动物血液中有一

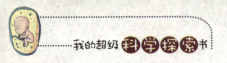
种细胞叫红细胞，红细胞里就没有细胞核。而有的细胞里包含不止一个细胞核，比如人的骨骼肌细胞中有好几百个细胞核。

细胞核对于细胞的生长有着重要的作用，细胞失去细胞核后很快就会死亡。细胞核的作用也是通过一步步探索才被发现的。

1802年，科学家把发现的细胞核进行了详细的描述。1831年，苏格兰的植物学家罗伯特·布朗对细胞核进行了更加详细的解释。1838年另一位科学家认为细胞核可以生成新的细胞，不过这个观点

遭到另一个科学家反对，那个科学家认为细胞是通过分裂增殖的，而且有的细胞根本没有细胞核，所以细胞核没有生成新细胞的功能。

还有些科学家认为细胞是单独生成的，跟细胞核没关系，所以细胞核的具体作用大家还是没搞明白。后来，经过科学家的进一步研究，大家才发现细胞核中间有遗传物质，对生物的遗传具有重要作用。

很久以前自然界的植物都很古老，种类也比较少，

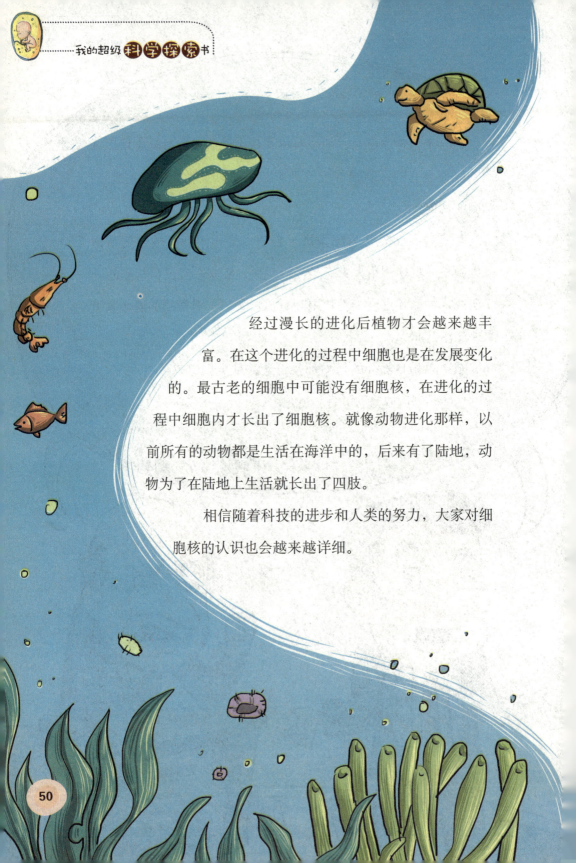

经过漫长的进化后植物才会越来越丰富。在这个进化的过程中细胞也是在发展变化的。最古老的细胞中可能没有细胞核，在进化的过程中细胞内才长出了细胞核。就像动物进化那样，以前所有的动物都是生活在海洋中的，后来有了陆地，动物为了在陆地上生活就长出了四肢。

相信随着科技的进步和人类的努力，大家对细胞核的认识也会越来越详细。

你知道吗?

生命的发展

　　自古以来地球上的生物都在不断地进化和发展。地球上最开始只有一些化学物质，如空气、水、二氧化碳等等。后来地球上出现了简单的细菌、藻类等植物，随着时间的发展，植物的种类越来越多，后来有了高级植物和动物。在漫长的历史进程中，许多生物都因为无法适应环境而被淘汰，恐龙就是一种被淘汰的大型动物。

你知道吗?

强健的骨骼肌

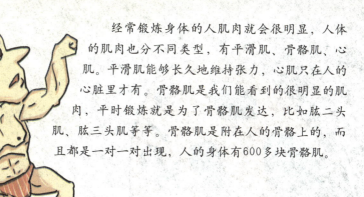

　　经常锻炼身体的人肌肉就会很明显，人体的肌肉也分不同类型，有平滑肌、骨骼肌、心肌。平滑肌能够长久地维持张力，心肌只在人的心脏里才有。骨骼肌是我们能看到的很明显的肌肉，平时锻炼就是为了骨骼肌发达，比如肱二头肌、肱三头肌等等。骨骼肌是附在人的骨骼上的，而且都是一对一对出现，人的身体有600多块骨骼肌。

什么是原核细胞

细胞分为原核细胞、真核细胞和古核细胞，我们都知道细胞里面有细胞核，这种分类就是按照细胞核的不同分的。

那么原核细胞是什么样的呢？原核细胞里面也有细胞核，不过细胞核外面没有膜，里面也没有核仁，看起来像是一种虚假的、冒充的细胞核。不过因为它里面含有遗传物质，我们还是把它当作细胞核看待。

最古老的细胞里是没有细胞核的，在进化的过程中才产生了细胞核。就像动物进化一样，有高等动物和低等动物的分别，细胞也有高等和低等的分别。因为原核细胞里的细胞核没有进化完全，所以原核细胞是一种低等的细胞种类。

原核细胞的细胞核外面没有膜，所以细胞核和细胞质没有明显的分界线，都混合在一起。原核细胞是一种低等的细胞，所以它里面也没有叶绿体、线粒体这些高级的细胞器。就像高等的爬行动物有脚，而低等的鱼类没有脚那样。

自然界的生物可以划分为植物和动物，这是小朋友们都知道的。可是小朋友们不知道的是，这其实是按照生物体内细胞的不同来划分的。植物细胞的特点是外面有细胞壁，里面还有进行光合作用的叶绿体，而动物细胞是没有这些结构的。

按照这种传统的分类方法，有些生物却不好归类。比如有一种

单细胞生物叫眼虫，它的细胞

里面有叶绿体，可是外面却没有细胞壁，

那它到底是属于植物还是动物呢？科学家们也为难了。细

菌和真菌就刚好相反，它们没有叶绿体，可是外面却有细胞壁，那

它们又该怎么分类呢？

1977年，一个科学家把生物划分成了三类，分别是真细菌、古细菌和真核生物。其中真细菌和古细菌都是属于原核生物，因为它们的细胞都是原核细胞。大部分的原核生物生活在水里，常见的原核生物有细菌、藻类等。

细菌在生活中无处不在。小朋友们不要以为细菌都是有害物质，应该全部消灭掉，它可是对大自然的物质循环起着重要作用。

有的人觉得细菌是有害物质，甚至把细菌和病毒归为一类，很多人不清楚细菌和病毒有什么区别。其实细菌和病毒是两种完全不

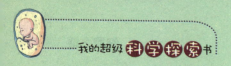
同的物质，病毒里面没有细胞。而细菌是一种原核生物，里面是有细胞结构的。病毒是一种完全寄生的生物，而细菌并不完全是寄生的，有的是腐生，还有的是独立生活的。

有的细菌是有害的，可以让植物、动物和人类生病。并不是所有的细菌都是有害的，有的细菌可以被人类利用，比如说发酵食物、酿酒等都会用到细菌。细菌还能被用来清除污染，此外细菌还能用在发电方面。

了解了原核生物的特点，下面我们来认识两种原核生物。比较常见的原核生物有蓝藻和支原体。

有益菌

有害菌

　　蓝藻也叫作蓝细菌，不过它不是细菌而是藻类，因为它能像植物那样进行光合作用，也被认为是最简单的植物。蓝藻里面并没有叶绿体，它进行光合作用是依靠藻蓝素和叶绿素。

　　支原体也是一种藻类，在所有的原核生物中，只有支原体没有细胞壁。支原体是世界上最小的细胞，因为细胞的外面没有细胞壁，所以不能维持固定的形状。

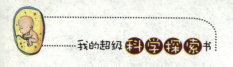

你知道吗?

什么是寄生

寄生是一种生物生活的方式,是指一种生物生存在另一种生物的体内或者体表,靠吸取另一种生物的营养来生存。寄生的情况下会有两种生物在一起生存,不过寄生的那一方会吸收营养,而被寄生的那一方营养会损失。血吸虫、蛔虫、跳蚤等都是寄生生物,寄生生物往往被人类讨厌。

你知道吗?

什么是腐生

腐生也是生物获得营养的方式,主要是从动植物的尸体或腐烂的物质中获得营养,这种生物叫腐生生物。常见的腐生生物有蘑菇、木耳等,它们生长在枯死的树干上或有营养的地方,从里面吸收营养来维持生活。蚯蚓是一种生活在土壤中的腐生生物。

真核细胞长什么样

了解原核细胞以后，我们来认识另一种细胞——真核细胞。前面介绍了原核细胞里的细胞核是虚拟的核，而真核细胞里的核是真正的细胞核。

如果把细胞核看成一个院子，原核细胞的细胞核就是一个没有围墙的院子，和外面的景色连接在一起。而真核细胞的细胞核是一个有围墙的院子，和外面的景色有明显的分隔。真核细胞的"围墙"就是细胞核外面的那一层膜，把细胞核和细胞质分隔开。而且细胞核里面还有核仁，说明真核细胞比原核细胞进化得更高级。

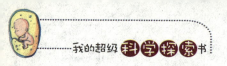

由真核细胞构成的生物叫作真核生物，世界上绝大部分生物都是真核生物。除了细菌和少数的藻类外，所有的动物和植物都是真核生物。

真核细胞的形状是各种各样的，这种形状与细胞的作用有关。比如肌肉细胞具有收缩性，所以细胞的形状是长条的，而红细胞的形状像一个饼，这样有利于气体交换，植物叶子里的保卫细胞是新月形的，两个细胞围成一个圆孔，这样可以方便植物呼吸。

除了细胞核外面有膜以外，真核细胞与原核细胞还有什么区别

呢？原核细胞的细胞质里只有少量细胞器，真核细胞的细胞质里有各种各样的细胞器。在原核细胞中，除了支原体没有细胞壁，其他细胞都有细胞壁，在真核细胞中，植物的细胞有细胞壁，动物的细胞没有细胞壁。

这样一比较，我们就会发现真核细胞比原核细胞高级多了，那么是不是真核细胞构成的生物也一定就很高级了呢？其实真核生物中也有一些低等的微型生物，比如说霉菌、绿藻等等。

霉菌是一种发霉的真菌，在潮湿的地方我们会看到物体上长着一层毛茸茸的东西，那就是霉菌。霉菌的外面长着菌丝，这些菌丝是长条形状的，可以不断地向前生长，一边生长还一边分出新的枝。大量的菌丝交织在一起，成为毛茸茸的一大片了。霉菌的

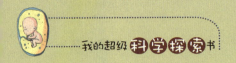

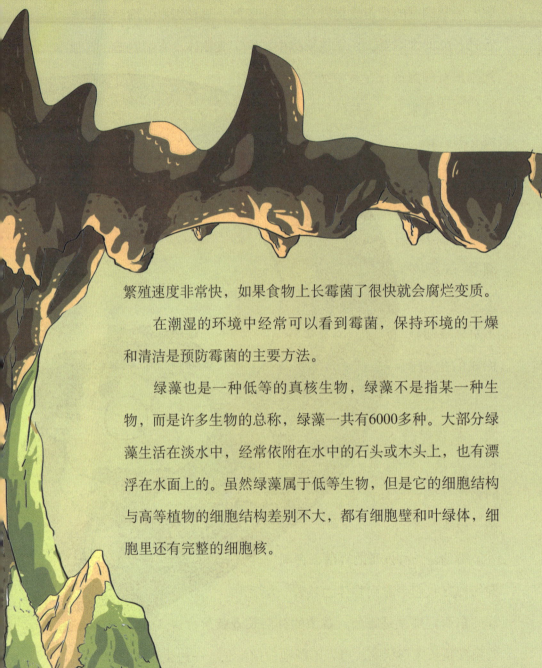

繁殖速度非常快，如果食物上长霉菌了很快就会腐烂变质。

在潮湿的环境中经常可以看到霉菌，保持环境的干燥和清洁是预防霉菌的主要方法。

绿藻也是一种低等的真核生物，绿藻不是指某一种生物，而是许多生物的总称，绿藻一共有6000多种。大部分绿藻生活在淡水中，经常依附在水中的石头或木头上，也有漂浮在水面上的。虽然绿藻属于低等生物，但是它的细胞结构与高等植物的细胞结构差别不大，都有细胞壁和叶绿体，细胞里还有完整的细胞核。

古核细胞有什么特点

很多科学家把细胞只分成了两类，就是原核细胞和真核细胞，有些科学家坚持把细胞分成三类，多出来的那个门类就是古核细胞。

因为古细菌的细胞核外没有膜，有些人就把古细菌归类为原核细胞。不过人们又发现古细菌和真核细胞也有很多相似的地方。此外古细菌还有许多本身的特点，跟原核细胞和真核细胞都不相似。于是人们就把它单独列出来，成为一个独立的细胞种类。

由古核细胞构成的生物叫古核生物，所有的古核细胞被统称为古细菌。古细菌是很古老的细菌吗？的确是这样，古细菌是世界上最古老的生物群。在很久很久以前，地球还处于缺氧

阶段，基本上没有生命存在的时候，就有古核生物生存了。古核生物是一种非常"坚强"的生物，大部分都生活在极端环境中，比如深海之中的火山口，陆地上的盐碱湖等地方，这些地方一般生物都无法生存。

古细菌都喜欢极端的环境，不过不同种类的古细菌喜欢的极端环境也不相同。有的古细菌非常喜欢高温，主要生长在90℃以上的环境中，90℃都可以把食物烤熟了，可见温度有多么高。这种古核生物就算温度超过了100℃也可以照常生存，不过温度降到80℃以下就会被"冻"死。有的古细菌生活在火山口附近，在250℃的超高温度中正常生活。这样勇敢的生命还真是让人佩服啊。

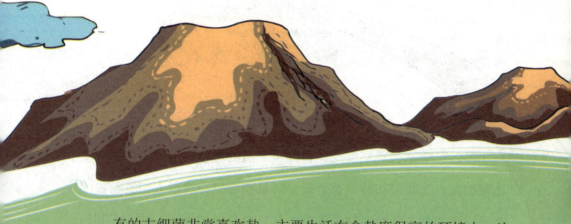

有的古细菌非常喜欢盐，主要生活在含盐度很高的环境中，比如死海或者盐湖中。有的古细菌非常喜欢酸，这种古细菌往往也耐高温，主要生活在火山口附近非常酸的高温热水中。有的古细菌不喜欢酸只喜欢碱，爱生活在盐碱湖和盐碱地中。还有的古细菌特别古怪，非常讨厌氧气，喜欢在氧气少的地方生存。

　　经过科学家的观察发现，古细菌生活的环境和地球最初的环境比较相像，比如最初的地球上就是高温和缺氧，所以人们推断古细菌是一种非常古老的生物。可见古细菌也是很"执着"的，在其他细菌随着环境的改变纷纷进化的时候，古细菌仍然保持着最初的样子，生活在最初的环境中。古细菌的发现为人们探索生命的起源、揭秘生命的奥妙提供了新的线索。

间接分裂和直接分裂

在显微镜下观察生物的细胞就会发现，细胞的数量真是多啊，密密麻麻地挤在一起。这么多的数量是怎么产生的呢？原来细胞会繁殖，生物体内的细胞一直在不停地繁殖，有细胞死亡了，就会有新的细胞来补充，这样细胞才会保持一定的数量，而不是一直在减少。

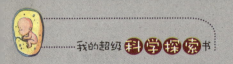

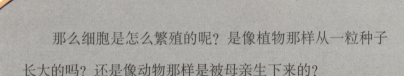

那么细胞是怎么繁殖的呢？是像植物那样从一粒种子长大的吗？还是像动物那样是被母亲生下来的？

其实细胞的繁殖是通过分裂完成的，在这个过程中一个细胞会分裂成两个细胞。就像一块面包被分成两块面包那样，不过这两块面包加起来才跟原来的面包一样大，而分裂出来的两个细胞每个都和原来的细胞一样大。一个细胞分裂成两个，两个分裂成四个，这样细胞就越来越多了。分裂前的细胞叫作母细胞，分裂后的新细胞叫作子细胞。

细胞分裂有两种不同的方式，一种是间接分裂，一种是直接分裂。

间接分裂也叫作有丝分裂，这是一个连续的过程，人们把这个过程分为四个阶段：前期、中期、后期和末期。

在分裂的前期，整个细胞开始变得圆鼓鼓的，细胞里面的物质会向两边移动。分裂的中期细胞里面的物质明显分成了两部分，不过中间还是有一些像丝一样的东西相连，这也是有丝分裂名字的由来。这个时候染色体移到中间部位，最后分裂成两部分。分裂的后期两部分染色体向两边移动，其他的细胞器也平均分成两部分。分裂的末期两边都出现了新的核膜和核仁，两个新的子细胞就形成了。

间接分裂的特点是母细胞分裂成的两个子细胞基本相同，不管是外形还是里面包含的物质都差不多，每一个子细胞里包含的染色体与原来母细胞一样，这样子细胞就遗传了母细胞的各种特点。

在研究细胞分裂的过程中，人们发现人体内的肝脏自我修复能力很强。肝脏受伤以后会有很多肝细胞死亡，肝细胞通过有

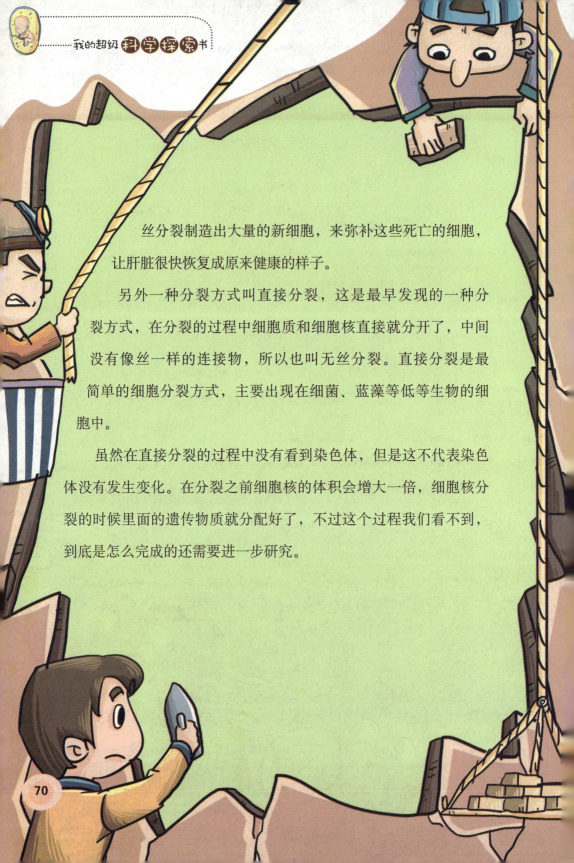

丝分裂制造出大量的新细胞，来弥补这些死亡的细胞，让肝脏很快恢复成原来健康的样子。

另外一种分裂方式叫直接分裂，这是最早发现的一种分裂方式，在分裂的过程中细胞质和细胞核直接就分开了，中间没有像丝一样的连接物，所以也叫无丝分裂。直接分裂是最简单的细胞分裂方式，主要出现在细菌、蓝藻等低等生物的细胞中。

虽然在直接分裂的过程中没有看到染色体，但是这不代表染色体没有发生变化。在分裂之前细胞核的体积会增大一倍，细胞核分裂的时候里面的遗传物质就分配好了，不过这个过程我们看不到，到底是怎么完成的还需要进一步研究。

　　对于直接分裂人们一直有不同的意见，有人说直接分裂和间接分裂一样，是一种正常的分裂方式。还有人说直接分裂是一种不正常的分裂方式，只能作为异常现象来看待，并不能归为一种分裂门类。

　　总的来说直接分裂确实要少见一些，只有部分生物的部分细胞才会发生。

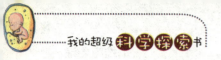

细胞培育

　　细胞一般是长在生物体内的，随着科技的发展和进步，人类已经可以自己培育细胞了，就像我们能自己饲养小金鱼和小兔子一样，不过培育细胞的环境和要求是非常严格的。

　　在进行细胞培育之前，要先做好准备工作，这个准备工作是很繁复的。每一个步骤都要重视，因为一个小细节的疏忽可能会导致细胞培育的失败。这个准备工作包括要把器具都清洗干净，并且进行消毒处理，细胞培养的环境里是不能有细菌和病毒的。还要把培养基和其他液体都配置

好，把要用到的仪器都检查一遍，看看是不是都调试好了。就像去野营一样，要事先检查好是不是所有东西都准备好了。

所有准备工作都做好以后，从某个生物体上取下一小片，可以是植物的，也可以是动物的，这一小片里面就有许多的细胞。经过一定的处理后把这一小片放入容器中。理论上来说，所有的动植物细胞都可以取下来培养，不过还没有长大的生物体上的细胞更好培养，比如说一棵小树苗身上的细胞，或者是未成年的小龙虾身上的细胞。

把细胞放入培养箱中，细胞马上就开始生长了。培养细胞的过程中要随时进行

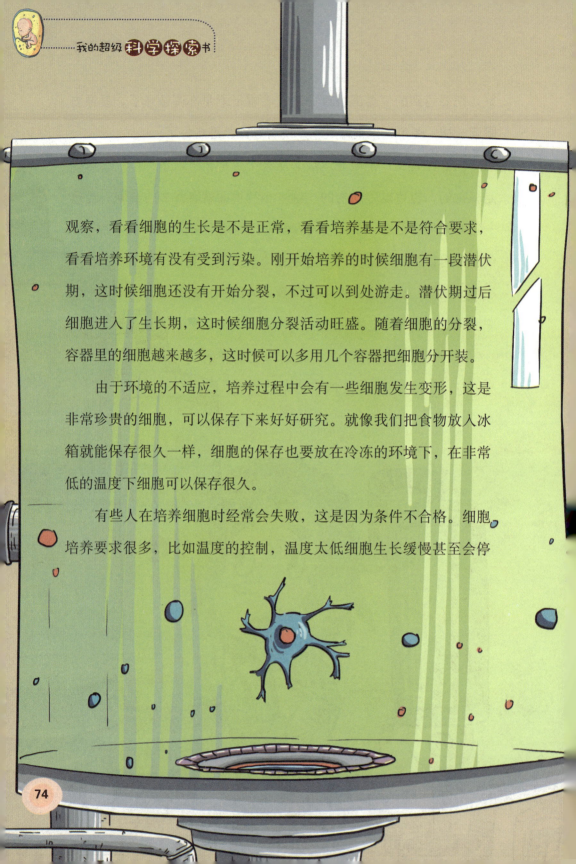

观察，看看细胞的生长是不是正常，看看培养基是不是符合要求，看看培养环境有没有受到污染。刚开始培养的时候细胞有一段潜伏期，这时候细胞还没有开始分裂，不过可以到处游走。潜伏期过后细胞进入了生长期，这时候细胞分裂活动旺盛。随着细胞的分裂，容器里的细胞越来越多，这时候可以多用几个容器把细胞分开装。

由于环境的不适应，培养过程中会有一些细胞发生变形，这是非常珍贵的细胞，可以保存下来好好研究。就像我们把食物放入冰箱就能保存很久一样，细胞的保存也要放在冷冻的环境下，在非常低的温度下细胞可以保存很久。

有些人在培养细胞时经常会失败，这是因为条件不合格。细胞培养要求很多，比如温度的控制，温度太低细胞生长缓慢甚至会停止生长，温度太高细胞可能会死掉。此外，细胞培养液也很重要，里面含有细胞生长所需要的营养成分，里面多了什么或少了什么都会让实验失败。

光照对细胞培养也很重要，因为植物的细胞要进行光合作用，还要提供二氧化碳，排除氧气。而动物细胞刚好相反，要不断地提供氧气，排除二氧化碳。

在所有的生物细胞培养中，最难的就是动物细胞培养，因为动物细胞培养需要的条件太多。在培养动物细胞中还需要用到血清，为动物细胞提供所需要的营养。

微生物的细胞培养要简单多了，一般微生物就是单细胞生物，

培养微生物细胞其实就是培养这个生物，很多微生物在野生条件下就能生存，所以培养时要求不是很高。

细胞培养具有重要的意义，可以研究细胞生长的过程和胚胎发育的过程，可以研究细胞在环境改变后的发展变化。还可以通过细胞培养研发出植物的新品种，改良农作物的基因，所以很多科学家在研究细胞的时候都会自己来培养细胞。

丰富的营养基

营养基是培养细胞必不可少的元素，因为培养细胞需要创造一个非常合适的环境，这个环境可以为细胞生长提供营养，维持细胞的正常生长，这种营养基质叫作营养基。营养基是按照细胞发育的环境制造的，里面含有丰富的营养物质。

营养基的类型

营养基也有不同的状态，有液体的也有固体的。液体培养基可以用在大规模的培养中，方便观察和研究。在液体培养基中加入一些特殊的材料，就变成固体营养基了。因为在固体培养基中细胞不能上下游动，只能分布在一个平面上。所以固体培养基很方便观察，也方便把细胞进行分离，更方便计算细胞的数目。

从发育到成熟

养过小动物的小朋友会发现，小动物从幼年到成熟是不断在发生变化的。比如小蝌蚪就会先长出两条后腿，再长出两条前腿，后面的尾巴也慢慢消失，最后变成了一只青蛙，在饲养的过程中可以很明显发现这些变化。而没有养过小动物的人就不会看到这些变化。细胞培养也是一样，在这个过程中可以详细观察细胞是怎样生长的，细胞培养是人类研究细胞的一大进步。

通过观察可以发现，培养的细胞生长过

程可以分为三个阶段，分别是潜伏期、指数增生期和停滞期。

刚刚取下的细胞放入营养液中，细胞会在液体中悬浮一段时间，这个过程叫悬浮期。当细胞开始贴着物体表面的时候叫作贴壁，标志着悬浮期的结束。细胞到底会悬浮多长时间才会贴壁呢，细胞种类的不同、营养基的不同等都会影响悬浮期的时间。有的细胞要悬浮十几或二十几个小时才会贴壁，而有的细胞几十分钟后就贴壁了。

细胞贴壁以后需要经过一个潜伏期，这个潜伏期长短不定，有的需要几天几夜，有的不到一天就结束了，这由细胞的种类决定。潜伏期结束之后，细胞就进入了指数增生期。

在指数增生期这个阶段，就像一个人进入青春期一样，生长速度非常快。细胞除了生长旺盛以外，还会通过细胞分裂扩大细胞的数量。细胞分裂的数量越多说明细胞生长得越旺盛。通常情况下，原代细胞分裂的数量要少一些，越到后面细

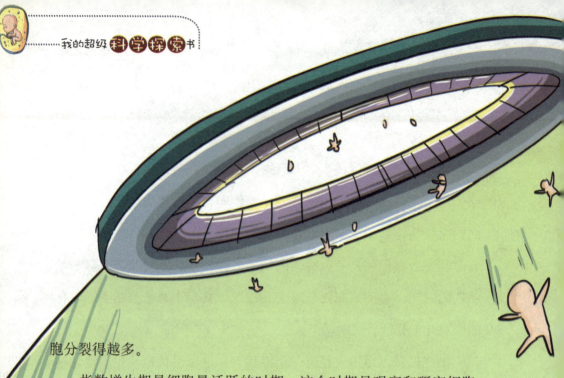

胞分裂得越多。

　　指数增生期是细胞最活跃的时期，这个时期是观察和研究细胞最好的阶段，各种实验也最好在这个阶段进行。随着细胞分裂的进行，容器内的细胞数量越来越多，几天以后细胞会挤成一堆。大量细胞挤在一起会影响到细胞的运动，这种现象叫作接触抑制现象。

　　虽然大部分细胞会发生接触抑制现象，但是只要容器内的营养成分足够，细胞还是会继续分裂。随着细胞数量越来越多，周围的营养物质就会越来越少。营养成分就是细胞的食物，就像我们分食物一样，如果很多人分一袋食物，食物很快就被吃光了，大家只有挨饿了。没有食物的细胞也只能"挨饿"，这样细胞就会停止分裂，这种现象叫密度抑制现象。

当大量的细胞挤在一起"挨饿"时，如果放在那里不管它们，细胞就会停止增殖，这就是停滞期，这个阶段细胞的数量保持不变。虽然数量不再增加了，但是新陈代谢的活动还在继续，如果不及时把细胞分离出来，细胞代谢的大量废弃物就会堆积起来，让环境变质，导致细胞发生"中毒"现象。这时贴壁的细胞会脱落，有的细胞形状会变化，还有的细胞直接死亡。

　　所以在培养的时候也要注意放进容器中细胞的数目，细胞太多或太少都不利于细胞的生长。

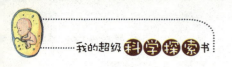

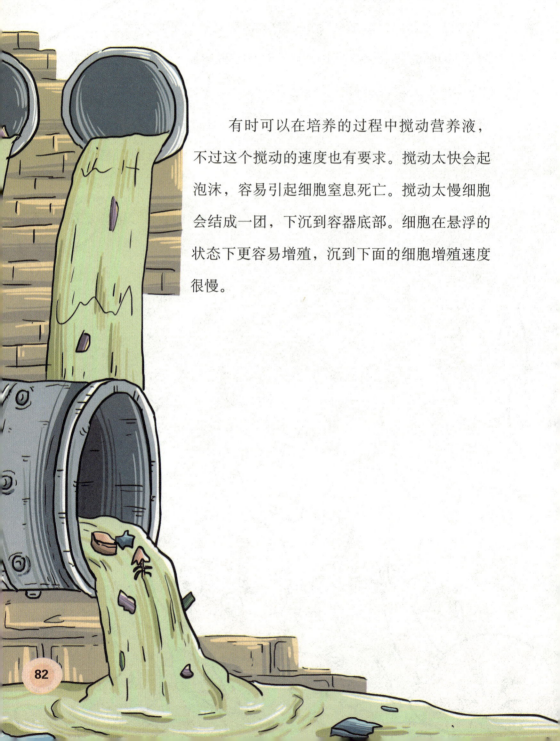

　　有时可以在培养的过程中搅动营养液，不过这个搅动的速度也有要求。搅动太快会起泡沫，容易引起细胞窒息死亡。搅动太慢细胞会结成一团，下沉到容器底部。细胞在悬浮的状态下更容易增殖，沉到下面的细胞增殖速度很慢。

你知道吗?

原代细胞的划分

原代细胞是细胞培养中的一种说法，在培养之前要先从生物体上取下细胞，这些取下来的细胞就是原代细胞。有人认为除了刚开始的第一代细胞之外，后面所有分裂形成的细胞都不是原代细胞。还有人把第一代和第十代以内的细胞都叫作原代细胞，后面再生成的细胞才不是原代细胞。

你知道吗?

新陈代谢

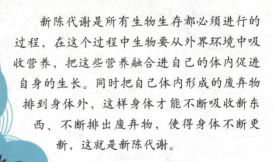

新陈代谢是所有生物生存都必须进行的过程，在这个过程中生物要从外界环境中吸收营养，把这些营养融合进自己的体内促进自身的生长。同时把自己体内形成的废弃物排到身体外，这样身体才能不断吸收新东西、不断排出废弃物，使得身体不断更新，这就是新陈代谢。

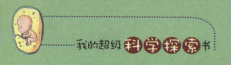

细胞也会死亡吗

　　细胞的生长是一种生命现象，有新的细胞生成就会有旧的细胞死亡，所有的生命都会经历从新生到死亡的过程。和所有生物一样，细胞死亡主要也是因为衰老了。

　　我们都知道小狗的寿命是十几岁，但是我们无法判断一只小狗什么时候会死亡。对于细胞也

是一样，我们很难判断一个细胞什么时候会死亡，除非用外力让它立刻死亡。同一类型的细胞生命周期都差不多，而不同种类的细胞生命周期差别很大。有的细胞从形成到死亡是一个很短的过程，而有的细胞却能活很长时间。人体各个不同部位的细胞生命周期也不相同。

在吃食物的时候我们能感觉到酸甜苦辣的味道，这是因为我们的舌头上长着味蕾，味蕾能感觉味道是因为里面包含了味觉细胞，一个味蕾大约有50多个味觉细胞。味蕾细胞只能活十天左右，更新速度是很快的，这样可以保持味觉的灵敏性。外部条件会影响味蕾细胞的更新，比如舌头发炎或者长期抽烟，都会让细胞的更新速度变慢，这样舌头感觉味道的时候就不会那么灵敏了。

肝脏的自我修复能力很强大，这是因为肝细胞的更新速度很快。肝细胞的寿命只有五个月左右，这种更新速度让肝在受到

损伤后很快自己修复好。一个医生说过，他可以把病人的肝切去一大半，只需要两个月左右的时间，病人的肝差不多就长好了。不过长期喝醉酒会让肝细胞里的组织受损伤，慢慢形成硬化。一个健康的肝很快就能修复好损伤，不过硬化的肝是永久的损伤，很难被修复好，肝被破坏严重后会危及生命。为了自己身体的健康，不要经常喝酒。

以前科学家一直认为心脏上的细胞不会死亡，后来的一项研究发现，心脏上的干细胞也会自我更新。不过这个更新速度是很慢的，人的一生大概会更新两三次。所以心脏上的干细胞寿命是二三十年左右。

肺里的细胞更新速度不大相同，肺部深

处的细胞寿命大约是一年，肺部表面的细胞寿命是两到三周。科学家说肺表面的细胞是肺的第一道防线，要保护里面的组织，所以更新速度要快一些。

皮肤是身体的保护层，所以更新速度也很快，大约三周左右皮肤的表层细胞就会更新一次。因为皮肤暴露在空气中，很容易受到感染和污染，更新速度必须快，不然很容易就损伤了。

小朋友们知道为什么指甲会不断生长吗？因为指甲里的细胞在不断更新，指甲细胞更新快，我们的指

甲长得也快。人的手指甲比脚趾甲长得快，手指甲完整更新需要6个月左右，而脚趾甲需要10个月左右。有一个很奇怪的现象，就是小指的指甲比其他指甲生长速度慢很多，科学家现在还无法解释这个现象。

头发内的细胞也在不断更新，人的头发每个月大约会长1厘米。眉毛和睫毛的更新周期是7周左右，不过经常拔眉毛会破坏里面的细胞组织，最后导致眉毛停止生长。

小朋友们知道人体内寿命最长的细胞在哪里吗？科学家已经为我们找到了答案，那就是大脑中的细胞。大脑细胞的寿命和人的寿命是一样的，在人的生长过程中大脑细胞不会自我更新。大脑细胞不仅不会增多，而且还会随着年龄的增加而减少。大脑中只有很小一部分细胞被人类利用，还有大部分细胞是闲置在那里的。人过了20岁以后那些没用的细胞就会慢慢减少，每天大约减少10万个，脑细胞减少一个就没有一个，永远不会再生。

当脑袋受到外部伤害时，很多有用的细胞会被破

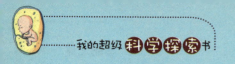

坏，很可能把人变得智力低下。所以脑袋是人非常重要的部位，要好好保护它。还有的人在年老的时候脑细胞损失严重，这也是形成阿尔茨海默病的原因。

细胞衰老和死亡的研究是一个重要课题，人们想通过这项研究找到生命衰老的原因和规律，这样就可以研究怎样减缓衰老，最终可以让人类延长寿命。

各种各样的
化学成分

生物生长需要不同的化学元素，细胞里面含有丰富的化学元素。细胞里的化学元素有水、无机盐、蛋白质、核酸、糖类、脂类等等。

水是我们常见的物质，有一句话说"生命离不开水"，水对任何生物都是非常重要的。因为细胞中最大的一部分就是细胞质，而细胞质是黏黏的液体，所以细胞里含有大量的水分，水对细胞的生

长起着关键性的作用。随着细胞的慢慢衰老，细胞里水的含量也会慢慢减少。

水对细胞有非常重要的作用，水可以溶解细胞里的营养成分，水可以调节环境的温度，水还可以帮助细胞新陈代谢等等。

我们买矿泉水的时候如果注意外面的包装，就会发现有的瓶子上写着矿物质水，这个矿物质就是指无机盐。无机盐算是一种特殊的盐类，虽然细胞中的无机盐含量非常少，但作用是不能忽视的，无机盐除了能让细胞里的酸和碱的含量变得平衡，还对能量的代谢有着重要作用。

    小朋友们在吃饭的时候，妈妈或许会说多吃点这个，可以补充蛋白质。对任何生命来说蛋白质都是一种重要的成分，没有蛋白质就没有生命。蛋白质参与细胞的代谢活动，一个细胞中有100多种蛋白质。

    所有的生物中都含有核酸，细胞中的核酸承载着生物的遗传信息。当核酸的温度发生变化时，里面的遗传信息也会发生变化；当温度恢复的时候，遗传信息也会变回原来的样子。

    小朋友们都喜欢吃糖吧？糖对我们的成长也有重要作用。如果一个人从来不吃糖，他的身体一定不会健康。如果一个人吃太多的糖，他的身体也不会健康。所以说我们要吃糖，但不能吃太多糖。

细胞里面也含有糖，糖分为很多不同种类，比如核糖、葡萄糖等等。

当菜里的油太多时，人吃了就容易长胖。当一个人太胖了，别人就会说他脂肪太多。其实油和脂肪都属于脂类，和糖一样，人们需要脂类，但如果脂类太多的话也会影响身体健康。细胞里包含丰富的脂类，有一种叫中性脂肪，为细胞提供能量。还有一种叫磷脂，可以帮助形成生物膜。

你知道吗?

丰富的营养物质

营养素是人体所需要的化学成分,主要包括蛋白质、脂肪、维生素、矿物质、糖类、水和膳食纤维七种。肉类、蛋类、鱼类和豆类等食物中含有丰富的蛋白质,油脂里面含有丰富的脂肪,蔬菜水果中含有大量的维生素,谷类食物中有丰富的糖类。人体内有50多种矿物质,多吃水果蔬菜可以补充矿物质。水是维持生命的必须物质,多喝水有益于身体健康。大米、面粉、香蕉等食物中有许多膳食纤维。

你知道吗?

甜甜的葡萄糖

葡萄糖是一种糖类,有一种甜甜的味道,不过没有甘蔗那么甜。葡萄糖是我们生长所需要的营养成分,健康的身体不需要补充葡萄糖,体内的葡萄糖也是足够的。当人在生病的时候身体变弱,为了保证身体具有足够的能量,可以在短时间里补充体内的葡萄糖。有的葡萄糖可以直接服用,有的可以通过打点滴的方法进入体内。

遗传的秘密在这里

在我们生活中有一个普遍的现象，就是某个人长得像他的爸爸或妈妈，可能是鼻子像妈妈眼睛像爸爸。甚至有的人长得不像父母，却很像爷爷奶奶或外公外婆。如果你们好奇地去问爸爸妈妈这是怎么回事，他们可能会简单地说这是遗传的原因，可是

到底什么是遗传呢？其实遗传的秘密就藏在细胞里。

遗传是一种生命现象，通过遗传可以把上一代的特征传给下一代，遗传是通过基因的传递来实现的，而基因就包含在细胞里面的染色体中。

提起遗传，首先要说到细胞中的染色体。19世纪末，一位科学家在细胞的细胞核里发现一种特殊的物质，这种物质的形状和数量都是固定的，这就是染色体。一般情况下是看不到染色体的，哪怕用最高级最精密的显微镜也看不到，只有在细胞进行分裂的时候，用一种特殊的染色法才能看到，所以人们就叫它染色体。

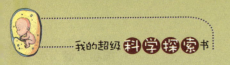
不同的生物细胞内的染色体数目是不同的，而在同一种生物中，不管是身体的哪一个部位，所有细胞里的染色体数目都是相同的，而且不会发生变化。比如小狗和鱼类细胞内的染色体数目不相同，但是所有的小狗细胞内的染色休数日都是 样的。

对于人类来说，除了精子和卵子以外，所有细胞里的染色体都是一对一对出现的，每个细胞有23对染色体，一共是46条。精子和卵子里各有23条染色体，当精子和卵子结合以后就变成受精卵，受精卵里就有46条染色体了。

每个人最初都是由一颗受精卵发育来的，受精卵里的精子来自

于父亲，卵子来自于母亲，所以人的细胞里有23条染色体来自于父亲，另外23条来自于母亲。染色体里面带有遗传信息，这样一个人就会遗传到父亲和母亲的特征，再把这些特征传给下一代，人类的特征就是这样一代一代复制下去的。

染色体里含有一种物质叫DNA，而DNA里带有遗传信息的片段叫作基因。基因里面包含遗传信息，基因是非常微小的物质，通过显微镜也看不到。

基因也有显性和隐性的区别，我们可以把显性基因当作比较强的那一个，把隐性基因当作比较弱的那一个。当强的和弱的相遇时，当然是强的会打败弱的。基因也是一样，在一对基因中如果有一个是显性的，这个显性基因的特征就会在后代身上表现出来，而隐性基因只能被掩盖了。

　　用人的头发来打一个比方吧。小朋友们见过混血宝宝吗？混血宝宝的爸爸妈妈不是一个国家的。如果有两个混血宝宝分别叫作小甲和小乙，他们的爸爸都是直头发，妈妈都是卷头发，可是小甲是直头发，而小乙却是卷头发，这是怎么回事呢？

　　这是由显性基因和隐性基因决定的。小甲从爸爸那遗传的基因里继承了直头发的特征，而从妈妈那遗传的基因里继承了卷头发的特征。可是卷头发的特征是隐性的，而直头发的特征是显性的。直头发就会"打败"卷头发，把卷头发的特点掩盖起来。所以小甲就会表现出显性的那个特征，当然是直头发了。

　　不过卷头发的隐性基因没有消失，还存在于小甲的细胞里，当

小甲长大以后结婚了，他的妻子细胞里也有卷头发的隐性基因。两个隐性基因相遇就会把特征表现出来，他们生出来的宝宝就有漂亮的卷发了，这个就是隔代遗传的原因。隔代遗传就是中间隔了一代的遗传，当一个小朋友的爸爸妈妈都没有酒窝，而他却和爷爷一样有一个酒窝，这就是爷爷对他的隔代遗传。

卷头发的小乙刚好和小甲相反，他继承的直头发特征是隐性基因，而卷头发特征是显性基因，所以就是卷头发了。

不过遗传基因并不是一成不变的，基因分为稳定性和变异性。稳定性的基因会一直保持原来的样子，一代一代遗传下去。所以有些家族的人遗传了几十代都还保持着同样的特征，这就是稳定性基因的作用。而变异性基因会随着环境的刺激而发生改变，比如说某

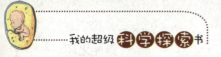

个人祖祖辈辈个子都很矮，
而从他开始以后每一代都十分
注重身体的营养和锻炼，后面的子孙们个
子慢慢增高，最后普遍都是高个子了。这就是因为他们身体里的变
异性基因发生了变化。

　　遗传除了可以继承爸爸妈妈的优点外，还可能继承不好的方
面，比如说疾病。如果父母中只有一个人患有一种疾病，孩子被遗
传到这种病的机会就小一些，如果父母都患有同样一种病，孩子会
得这种病的机会就很大了。

　　不同的疾病被遗传的机会也是不同的，比如说心脏病、糖尿
病、鼻炎等疾病的遗传率就比较高，父母患有这种病
很可能会遗传给孩子。近视也是会遗传的，如
果父母都是眼睛高度近视，他们的小孩很可能
眼睛会近视。

　　有一些特征只传给男性不传给女性，
比如说父亲是秃头，儿子也遗传了秃
头，但女儿却不会遗传。

　　一个人的身体特征除了会遗传父母外，还会受到外部环境的影响。比如一个小朋友的父母都很聪明，他小时候也很聪明，可是如果在成长过程中营养不良的话，也会让他的智力发育缓慢。

　　遗传的发现被运用到生活中的许多方面，如通过DNA的检测可以鉴定两个人是不是亲生父子，警察查案的时候也可以用DNA检测来帮助捉拿凶手。

103

最简单的生物

说说我们平时见到的简单生物，小朋友们可能会想到蚂蚁、跳蚤、蚊子这些小动物。其实这已经算是很复杂的生物了，哪怕是一个小小的蚂蚁，光是大脑里就有几十万个细胞。如果蚂蚁算是复杂的动物，那真正简单的生物又是什么呢？其实最简单的生物就是单细胞生物，全身只有一个细胞，你能想象它有多小吗？

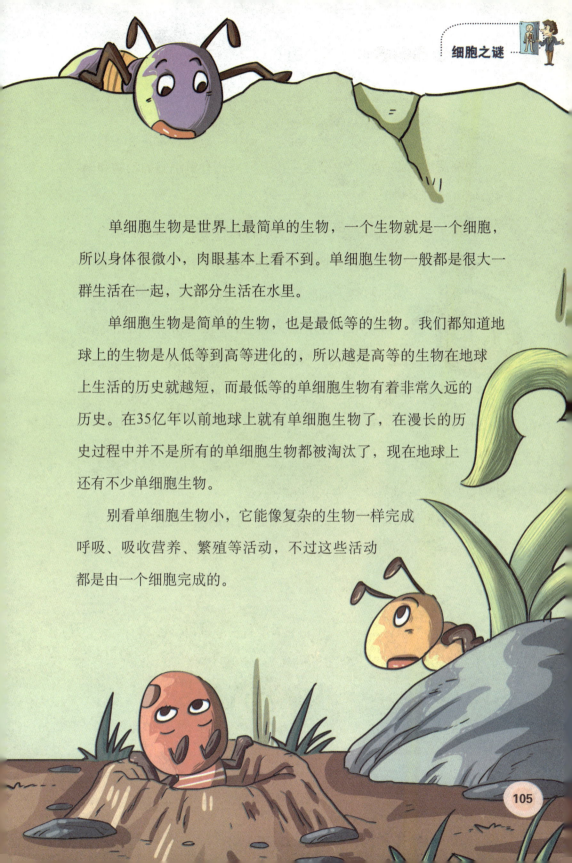

单细胞生物是世界上最简单的生物，一个生物就是一个细胞，所以身体很微小，肉眼基本上看不到。单细胞生物一般都是很大一群生活在一起，大部分生活在水里。

单细胞生物是简单的生物，也是最低等的生物。我们都知道地球上的生物是从低等到高等进化的，所以越是高等的生物在地球上生活的历史就越短，而最低等的单细胞生物有着非常久远的历史。在35亿年以前地球上就有单细胞生物了，在漫长的历史过程中并不是所有的单细胞生物都被淘汰了，现在地球上还有不少单细胞生物。

别看单细胞生物小，它能像复杂的生物一样完成呼吸、吸收营养、繁殖等活动，不过这些活动都是由一个细胞完成的。

古细菌和真细菌都是单细胞生物，另外还有单细胞的动物和单细胞的植物。

衣藻是一种生活在淡水中的藻类植物，也是一种单细胞植物。

衣藻的细胞是球形或卵形的，细胞里有细胞壁、细胞质和细胞核，细胞质里还有叶绿体。细胞的前端有两条鞭毛，可以让衣藻在水里自由游动。细胞前面还有一个眼点，眼点可以感应外面光线的强弱。

当眼点感受到光照条件比较好的地方时，就会摆动两条鞭毛游到那里，在舒适的阳光下进行光合作用，把二氧化碳转化成自己需要的营养。同时，衣藻还能吸收水中的各种养分，同时用外部营养和自己制造的养分来维持生活。

眼虫也是单细胞生物，主要生活在水沟、池塘、沼泽等地方。在温暖的季节眼虫会大量繁殖，让整片水看起来都是绿色的。眼虫身体

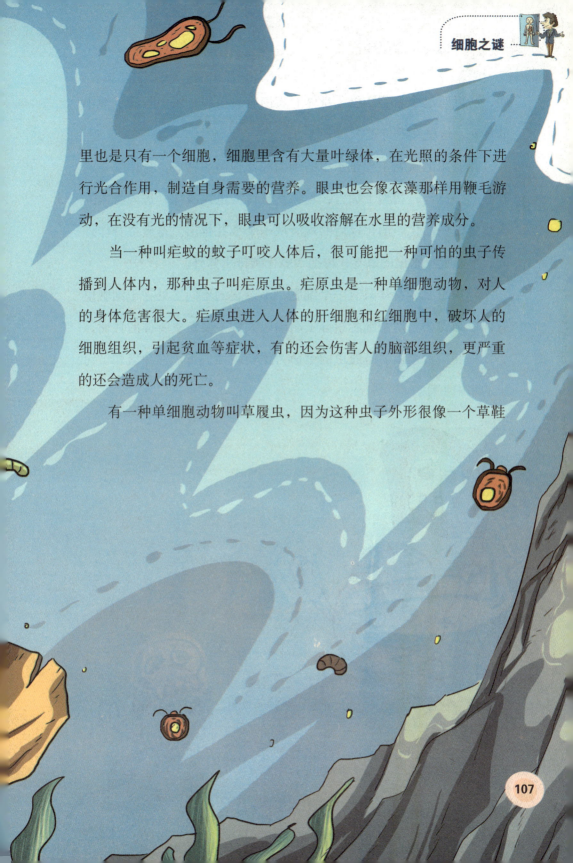

里也是只有一个细胞，细胞里含有大量叶绿体，在光照的条件下进行光合作用，制造自身需要的营养。眼虫也会像衣藻那样用鞭毛游动，在没有光的情况下，眼虫可以吸收溶解在水里的营养成分。

当一种叫疟蚊的蚊子叮咬人体后，很可能把一种可怕的虫子传播到人体内，那种虫子叫疟原虫。疟原虫是一种单细胞动物，对人的身体危害很大。疟原虫进入人体的肝细胞和红细胞中，破坏人的细胞组织，引起贫血等症状，有的还会伤害人的脑部组织，更严重的还会造成人的死亡。

有一种单细胞动物叫草履虫，因为这种虫子外形很像一个草鞋

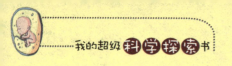

底，所以叫这个名字。虫子身体的表面有一层膜，膜上长满了细小的纤毛，这些纤毛可以在水中划动。

草履虫的食物主要是水里的细菌和其他微小物质，身体的一侧长着一个口沟，相当于嘴巴，食物就从口沟进入身体。进入身体的食物会慢慢消化，消化以后的残渣从一个小孔排出。草履虫身体外的膜可以吸收水里的氧气，再把二氧化碳排出体外。

草履虫整个身体只有一个细胞，不过它的不同之处在于细胞里有两个细胞核。两个细胞核分工明确，大核主要负责身体的代谢，小核主要负责繁殖。草履虫的生命力比较顽强，可以在缺氧和被污染的水中生活。

　　单细胞生物虽然身体微小，不过与人类的生活息息相关，在整个生物环境中的作用不容忽视。很多单细胞生物生活在水中，是鱼类的食物。有的单细胞生物对环境有益，比如草履虫可以吞掉水中的细菌，一只草履虫一天可以吞掉大约4万多个细菌，可以在一定程度上把污水变干净。

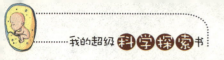

越来越复杂的生物

认识了简单的单细胞生物，我们来了解一下复杂的生物。单细胞生物只有一个细胞，其他生物体内都不止一个细胞，这样的生物通通被叫作多细胞生物。

地球上的生物种类繁多，只用单细胞生物和多细胞生物来区分，就显得太简单了。一般情况下，自然界的所有生物被分成了三类，微生物、动物和植物。

微生物的特点就是微小，包括细菌、真菌和其他微小的生物。并不是所有的微生物都需要用显微镜才能看到，有的微生物稍微大一些，肉眼还是可以直接看到的。1997年，科学家发现了一种球形的细菌，体型最大的有700多微米，不需要用显微镜就可以直接看到，是目前发现的最大的微生物。

自然界的植物可以分为藻类植物、苔藓、蕨类植物和种子植物。

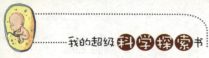

藻类植物被认为是最简单的植物，世界上有将近三万种藻类植物。最简单的是单细胞藻类，比较复杂的藻类植物是多细胞生物，比如我们常见的海带就是一种藻类植物。海带的细胞有一种特殊的功能，就是能对碘进行高度浓缩，海带的细胞就是天然的存储碘的仓库。所以海带的含碘量很丰富，多吃海带可以补充碘，有益身体健康。

苔藓植物比藻类植物稍微高等一些，地球上大约有两万多种苔藓植物。苔藓是一种小型的绿色植物，喜欢长在阴暗潮湿的地方。在院子的墙脚、公园的石板路等潮湿的地方，常常能看到一片一片的苔藓。

蕨类植物比苔藓植物高级，比种子植物低级，这种植物有根、茎、叶，但是没有花。常见的蕨类植物有满江红、四叶苹等。

种子植物是最高等的植物，可以长出种子，种子又可以长出新的植物，这是高级植物的繁殖方法。种子植物有根、茎、叶、花、果实和种子，每一部分都包含大量的细胞，不同部位的细胞功能不同。

自然界的动物可以分为无脊椎动物和脊椎动物两大类，无脊椎动物比脊椎动物低等一些。无脊椎动物是没有脊椎的动物，最低等的是单细胞动物，高级一些的有软体动物和节肢动物。

贝壳就属于软体动物，贝壳下面是一层膜，这层膜是由双层的细胞形成的。膜里面的细胞有

很强的分泌能力，分泌的物质可以形成贝壳，保护身体里面的柔软部分。

节肢动物是常见的无脊椎动物，像蜘蛛、蚊子、螃蟹这些动物都属于节肢动物。小朋友们知道螃蟹煮熟以后为什么会变红吗？主要是因为螃蟹身体里有一种特殊的细胞，叫作色素细胞。螃蟹壳里有许多色素细胞，大部分的色素细胞是青黑色的，所以活着的螃蟹也是青黑色的。

色素细胞中有一种色素是红色的，正常情况下被其他颜色掩盖，不能显示出来。不过这种色素很耐高温，在煮熟的过程中别的色素都被高温破坏掉了，只有这种红色的色素不会改变，所以煮熟的螃蟹是红色的。由于这种色素分布不均匀，所以熟螃蟹有的地方红色深，有的

　　地方红色浅，螃蟹的腹部没有这种色素，所以熟了以后也不会变红。

　　脊椎动物从低等到高等排列的顺序是：鱼类、两栖动物、爬行动物、鸟类、哺乳动物。

　　有一种特殊的鱼类叫电鳗鱼，靠近它的时候可要小心了，因为它会自己发电攻击敌人，如果有别的鱼类靠近它很可能被电死。这种鱼能够发电是因为身体里有一种发电细胞，发电细胞就像电池一样带有正电和负电，大量的发电细胞按顺序排列在一

组织
也是一种结构吗

人的身体是由什么构成的？学了细胞的小朋友可能会回答，人体是由细胞构成的。也有的小朋友会说人体是由器官构成的，人

的眼睛、鼻子、嘴巴都是器官。其实这样说都没错，人体是由细胞构成的，也是由器官构成的。那么器官和细胞有什么关系呢？

说到这两者之间的关系，就要说到组织了。每一个器官是由组织构成的，组织是由细胞构成的。组织又是什么呢？组织也是身体的一种结构。生物体内的细胞是各种各样的，一些外形和作用相同的细胞会聚集在一起，就像拥有共同爱好的小朋友也会聚在一起玩一样。这些聚集的细胞形成了细胞群，这种细胞群就叫组织。

人的身体内有四大组织，分别是上皮组织、结缔组织、肌肉组织和神经组织。

上皮组织除了分布在身体表面外，还分布在体内各个器官的

表面。上皮组织里有密密麻麻的上皮细胞，分布在不同部位的上皮组织，里面的上皮细胞也具有不同的作用。如肠子的上皮细胞有密集的绒毛，扩大了吸收面积，而呼吸道的上皮细胞有能够摆动的纤毛，可以扫除不干净的物质。

结缔组织主要分布在血液、软骨和肌腱等部位。结缔组织中数量最多的细胞是纤维细胞，当身体出现创伤的时候，纤维细胞通过分裂增加细胞的数量，弥补缺失的细胞，让伤口尽快复合。

结缔组织里面还有一种巨噬细胞，具有强大的吞噬作用，可以吞噬细菌、异物、死亡细胞等物质，帮助人体抵抗疾病。脂肪细胞也分布在结缔组织内，细胞的体积要大一些，因为里面有一个大脂滴。此外，结缔组织里还有浆

细胞、肥大细胞、白细胞等不同种类的细胞。

　　肌肉组织分布在身体里有肌肉的地方，是由肌肉细胞聚集在一起构成的。肌肉能够收缩是因为有肌肉细胞，肌肉细胞的外形细长，里面含有大量的肌纤，能够运动和收缩，为身体的各项活动提供动力。

　　神经组织分布在人体的大脑和脊髓里，主要是由神经细胞构成的。神经细胞分为神经元和神经胶质细胞，神经元可以感受外界的刺激，并且把刺激传递给大脑。神经胶质细胞对神经元进行支持和帮助，还能吞噬坏掉的神经元。

　　人体有四大组织，植物也有四大组织，分别是保护组织、营养

组织、输导组织和机械组织。

　　保护组织分布在植物表面，起着保护植物的作用，有点像人体的上皮组织。有的植物保护组织只有一层细胞，有的是多层细胞。表皮组织里有表皮细胞、保卫细胞、副卫细胞等。这些细胞可以抵抗恶劣的天气和防止害虫，保护植物健康成长。

　　营养组织是植物最基本的一种组织，分布在植物的各个器官中。营养组织里的细胞有一个特征，就是细胞壁很薄、液泡很大，液泡里面可以储存丰富的营养物质，提供给细胞使用。仙人掌营养

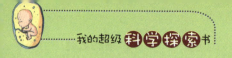

组织的细胞里液泡格外大，因为仙人掌一般生活在干燥的沙漠，环境普遍缺水，细胞里的大液泡需要储存大量的水分，这样才能保证仙人掌的生长。

输导组织是植物最复杂的系统，主要在植物体内输送水分和各种养分。植物主要依靠根部从土壤中吸收水分和养分，再通过输导组织输送到上面各部位。光合作用产生的养分也需要输导组织来输送到其他部位，植物各个部分之间的物质交换也需要输导组织。输导组织内的细胞是管状的，互相连接以后形成长管，贯穿在植物的

体内，方便物质的运输。

　　机械组织是植物重要的组织，对植物起支撑和保护作用。机械组织里面有一种石细胞，石细胞的细胞壁非常厚。这些坚硬的细胞让机械组织也变得坚硬，让植物笔直地向上生长，树叶和枝干自然舒展。有时候走路不小心碰到路边的植物，植物会向旁边歪倒，过一会儿植物又恢复了原来直立的样子，这也是坚硬的机械组织在发挥作用。

你知道吗?

人体的组成

在人的身体内，细胞形成了组织，组织形成了器官，器官形成了系统，系统最后组成了完整的个体。人体内有九大系统，还有许多个器官，甚至一块骨头也算一个器官，人体最大的器官是皮肤。人体有四大组织，有二百多种细胞，细胞个数约有几十万亿个。

你知道吗?

植物的组成

在植物体内细胞形成组织，组织形成器，器官形成植物体。不同的植物细胞种类和个数不同，植物有保护组织、营养组织、输导组织和机械组织四大组织。最高等的种子植物有六大器官，分别是根、茎、叶、花、果实、种子。